Lauriane

To Arthur and Tristan, for making me dream of a better future.
To Cyril, without whom nothing would make sense.

An Arthur und Tristan, die mich von einer besseren Zukunft träumen lassen.
An Cyril, ohne den nichts einen Sinn hätte.

Gilles

To my wife Cécile and my daughter Charlotte, for their support.

An meine Frau Cécile und meine Tochter Charlotte, für ihre Unterstützung.

Wings of Hamburg

Lauriane Tiard-Caillaud
Gilles Masson

Die Flügel Hamburgs

Why this book?

The whole story began over a nice dinner, shared between friends who had lived in Hamburg for a long time, even though they weren't German. We were chatting about our love for this city at the crossroads of roads and seas, which has managed to develop its own very special soul.

Any newcomer to Hamburg probably expects to find an industrial city, world-famous for its port, but certainly not a city as active and welcoming, a magnificent symbiosis of urbanism and nature. There isn't a street in Hamburg that doesn't have trees, and that's without mentioning its 2,500 bridges. Bridges also mean waterways, trees and shrubs and, of course, birds.

The discussion continues...

"But how do you find out more about nature? As a foreign resident, language classes never taught me the names of birds," says Lauriane.

"As someone who has always lived my passion for birds as a guilty pleasure, I'd be delighted to help you find out more," replies Gilles.

"If we have this problem, we can't be the only ones! We might as well share our curiosity with other lovers of Hamburg and nature in the city," retorts Lauriane.

That's it.

Warum dieses Buch?

Die ganze Geschichte beginnt mit einem guten Abendessen unter Freunden, die schon lange in Hamburg leben, ohne Deutsche zu sein. Wir tauschten uns über unsere Liebe zu dieser Stadt an der Kreuzung von Straßen und Meeren aus, die es geschafft hat, ihre ganz besondere Seele zu entwickeln.

Jeder Neuankömmling in Hamburg erwartet wahrscheinlich eine Industriestadt zu finden, die weltweit für ihren Hafen bekannt ist, aber wahrscheinlich erwartet er überhaupt nicht, eine solche aktive und gastfreundliche Stadt, die eine so perfekte Symbiose aus Städtebau und Natur bietet. Es gibt keine Straße in Hamburg, die nicht mit Bäumen bepflanzt ist, und das wiederum, ganz zu schweigen von den 2500 Brücken. Brücken bedeuten auch Wasserläufe, Bäume und Sträucher und natürlich auch Vögel.

Die Diskussion geht weiter...

"Aber wie kann ich mehr über diese Natur erfahren, als gute ausländische Einwohnerin haben mir die Sprachkurse nie die Namen der Vögel beigebracht", sagt Lauriane.

"Ich habe meine Leidenschaft für Vögel bisher immer als schuldhaftes Vergnügen empfunden, würde dir aber gerne helfen, mehr darüber zu erfahren", antwortet Gilles.

"Wenn wir dieses Problem haben, sind wir bestimmt nicht die Einzigen! Dann können wir unsere Neugier auch gleich mit anderen Liebhabern von Hamburg und der Natur in der Stadt teilen", entgegnet Lauriane.

Da haben wir's.

What is a bird?

The science that describes birds is called ornithology. Birds are warm-blooded vertebrates. There are over 10,000 species.

Die Wissenschaft, die sich mit der Beschreibung von Vögeln befasst, heißt Ornithologie. Vögel sind warmblütige Wirbeltiere. Es gibt über 10.000 Arten von ihnen.

DID YOU KNOW?

Birds have a name in Latin to describe their family and species, but sometimes also to pay tribute to the person who discovered them, such as Humboldt's Penguin (*Spheniscus Humboldti*).

WUSSTEST DU DAS?

Vögel haben lateinische Namen, um ihre Familie und ihre Art zu beschreiben, manchmal aber auch, um deren Entdecker zu ehren, wie der Humboldtpinguin (*Spheniscus Humboldti*).

Photo: ©Wollwerth Imagery – stock.adobe.com

Origins

They are considered to be direct descendants of the dinosaurs. The ancestor of birds can be represented in much the same way as the archaeopteryx.

Ursprung

Sie werden als direkte Nachkommen der Dinosaurier angesehen. Man kann sich die Vorfahren der Vögel in etwa so vorstellen wie den Archaeopteryx.

Was ist ein Vogel?

Skeleton

The bird's skeleton is highly adapted for flight and has retained characteristics associated with it (lightness), even in non-flying birds: even when light, the bones are strong enough to withstand the stresses of take-off, flight and landing. Birds usually have fewer bones than other terrestrial vertebrates, and no teeth.

Skelett

Das Skelett des Vogels ist stark an das Fliegen angepasst und hat die damit verbundenen Eigenschaften (Leichtigkeit) auch bei nicht fliegenden Vögeln beibehalten: selbst wenn die Knochen leicht sind, sind sie stark genug, um den Belastungen des Starts, des Fluges und der Landung standzuhalten.
Vögel haben normalerweise eine geringere Anzahl an Knochen als andere Landwirbeltiere und besitzen keine Zähne.

No teeth, but a beak
Keine Zähne, aber ein Schnabel

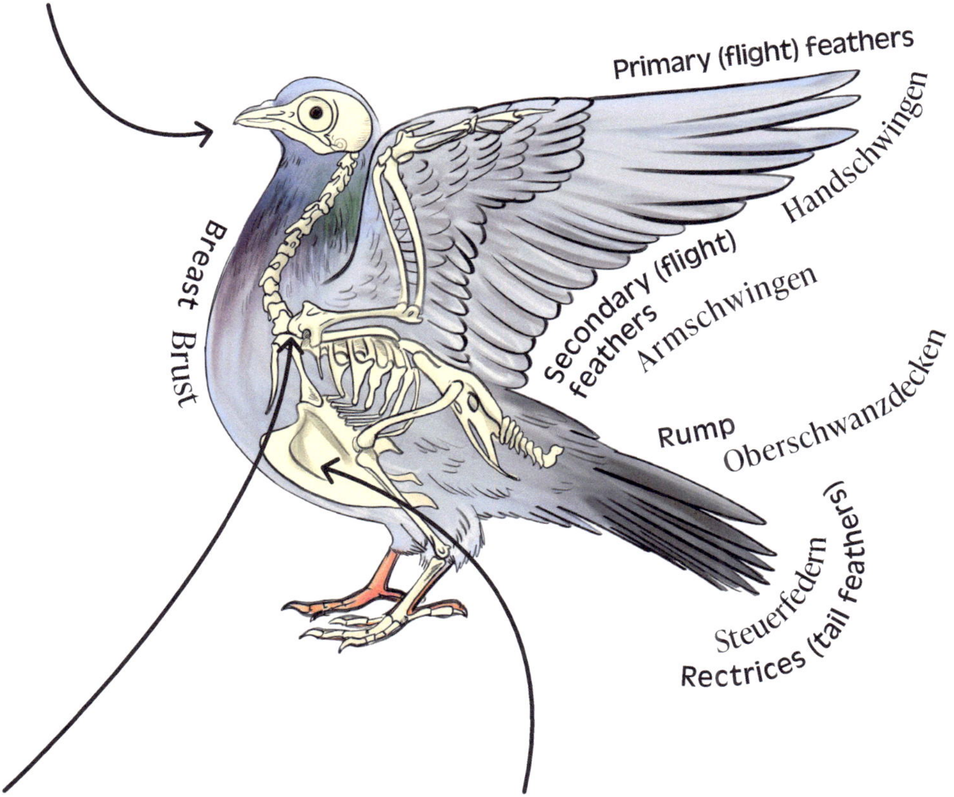

Birds are the only vertebrates to have their clavicles fused into a furcula or fork.
Vögel sind die einzigen Wirbeltiere, bei denen die Schlüsselbeine in einer Furcula verschmolzen sind.

The wishbone is the bone that enables birds to flap their wings, and therefore to fly.
Das Brustbein ist der Knochen, der es den Vögeln ermöglicht, mit den Flügeln zu schlagen und somit zu fliegen.

Feathers

Birds' bodies are covered in feathers. The most important feathers are the remiges, which allow them to take flight and glide, and the rectrices, which allow them to steer.

Federn

Der Körper der Vögel ist mit Federn bedeckt. Die wichtigsten Federn sind die Hand- und Armschwingen, mit denen sie abheben und gleiten können, und die Steuerfedern, mit denen sie steuern können.

Size

The ostrich is the largest bird (up to 2.80 m), the hummingbird the smallest (5.5 cm). For example, the Humboldt Penguin measures up to 70 cm.

Größe

Der Strauß ist der größte Vogel (bis zu 2,80 m), der Kolibri der kleinste (5,5 cm). Als Referenz kann der Humboldt-Pinguin bis zu 70 cm hoch sein.

DID YOU KNOW?

The design of aircraft imitates birds in order to be able to fly, this is called biomimicry.

WUSSTEST DU DAS?

Das Design von Flugzeugen ahmt Vögel nach, damit sie fliegen können – das nennt man Biomimikry.

Beak

Like the scales, the beak is a keratinised layer of skin that is produced as a protective covering. It grows on the skull bones (upper jaw and tooth bones). As there are no teeth, the food is swallowed unchewed. The shape of the beak is adapted to food and use. The nostrils always open at the base of the skull.

Schnabel

Der Schnabel ist wie die Schuppen eine keratinisierte Hautschicht, die als Schutzüberzug produziert wird. Er wächst auf den Schädelknochen (Oberkiefer und Zahnknochen). Da es keine Zähne gibt, wird die Nahrung unzerkaut geschluckt. Die Schnabelform ist angepasst an Nahrung und Nutzung. Die Nasenlöcher öffnen sich an der Basis des Schädels.

Fishing
Für den Fischfang

Insect catching
Für Insekten

Grain eating
Für Samen

Raptorial
Für Fleisch

DID YOU KNOW?

Darwin developed his theory of Evolution after observing finches and the shape of their beaks on the Galapagos Islands.

WUSSTEST DU DAS?

Nachdem Darwin auf den Galapagos-Inseln Finken und die Form ihrer Schnäbel beobachtet hatte, entwickelte er die Evolutionstheorie.

Probing
Um den Schlamm durchzusuchen

Dip netting
Für den Fischfang (Fang)

Filter feeding
Zum Filtern von Wasser

Feet

Birds' legs also adapt to their function: whether they need to swim (Mallard), cling to trees (Woodpecker) or catch things (Crow).

Füße

Auch die Füße von Vögeln passen sich ihrer Funktion an: Sie können schwimmen (Stockente), sich an Bäumen festhalten (Specht) oder Dinge greifen (Krähe).

Mallard
Stockente

Coot
Blässhuhn

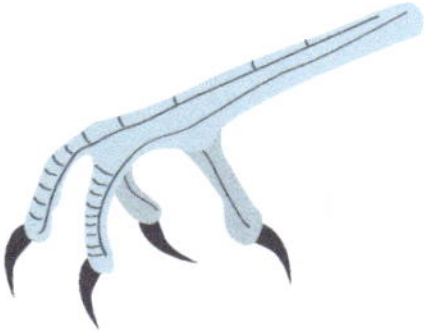

Crow
Krähe

Woodpecker
Specht

DID YOU KNOW?

The Cuckoo has no nest and will lay its eggs in the nest of another species. The parasitised bird will then bring up the young cuckoo until it flies.

WUSSTEST DU DAS?

Der Kuckuck hat kein eigenes Nest und legt seine Eier in das Nest einer anderen Art. Der parasitierte Vogel wird dann den jungen Kuckuck aufziehen, bis er flügge ist.

Eggs

Birds are oviparous: they lay eggs. The shapes, colours and weights of eggs are as varied as the species of bird. For example, the Common Murre lays its eggs on a cliffside. Its eggs are conical, so that they do not fall off the cliff.

Eier

Vögel sind eierlegend: Sie legen Eier. Die Formen, Farben und Gewichte der Eier sind so unterschiedlich wie die Vögel selbst. So legt zum Beispiel die Trottellumme ihre Eier an einem Felsen ab. Ihre Eier sind kegelförmig, damit sie nicht ins Leere fallen.

Flight

→ Although all birds have wings, not all of them can fly!
→ Their bones are often hollow/porous to make them lighter, as birds weighing more than 18 kg will not be able to fly. Other birds, such as swifts and albatrosses, are very good at flying and can sleep in the air.
→ Birds have very different wing shapes depending on their needs.

Fliegen

→ Alle Vögel haben zwar Flügel, aber nicht alle können fliegen!
→ Ihre Knochen sind oft hohl/porös, um leichter zu sein, denn über 18 kg kann ein Vogel nicht fliegen. Andere Vögel sind sehr gut im Fliegen und können in der Luft schlafen, wie der Mauersegler oder der Albatros.
→ Die Flügelform der Vögel ist je nach Bedarf sehr unterschiedlich.

Long and wide for gliding and covering long distances (Albatross)
Lang und breit, um zu gleiten und große Entfernungen zurückzulegen (Albatros)

Short and rounded for agile flight (Crow)
Kurz und abgerundet für einen wendigen Flug (Krähe)

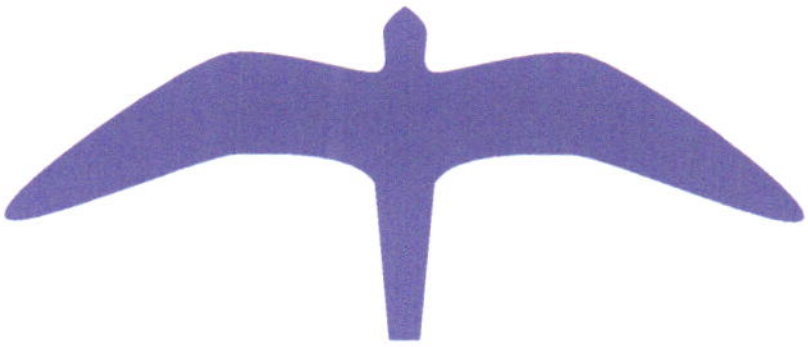

Tapered for acrobatics (Falcon)
Schlank, um Kunststücke zu machen (Falke)

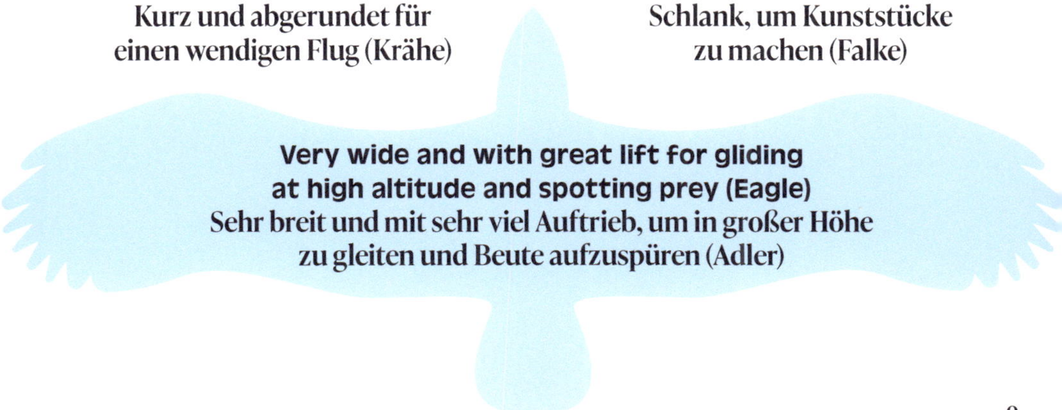

Very wide and with great lift for gliding at high altitude and spotting prey (Eagle)
Sehr breit und mit sehr viel Auftrieb, um in großer Höhe zu gleiten und Beute aufzuspüren (Adler)

Impact of birds on the ecosystem

Hamburg is home to around 150 species of bird. Birds are all around us, and it only takes a few seconds' attention, even in the city, to see them flying overhead, landing in a tree or on the ground, or hearing them sing.

In Hamburg gibt es etwa 150 Vogelarten. Vögel gibt es überall um uns herum. Selbst in der Stadt braucht man nur ein paar Sekunden Aufmerksamkeit, um sie am Himmel vorbeiziehen zu sehen, auf einem Baum oder am Boden zu landen und sie singen zu hören.

DID YOU KNOW?

Birds - like any other living creatures - are an integral part of an ecosystem and an essential link in its balance.

WUSSTEST DU DAS?

Vögel sind – wie alle lebenden Wesen – ein wichtiger Teil des Ökosystems und tragen wesentlich zu dessen Gleichgewicht bei.

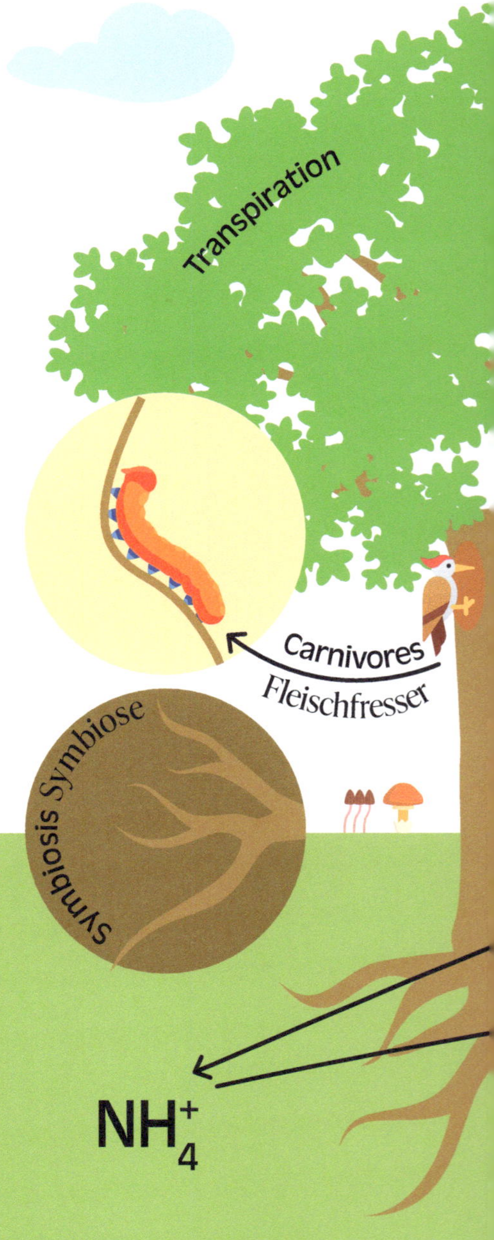

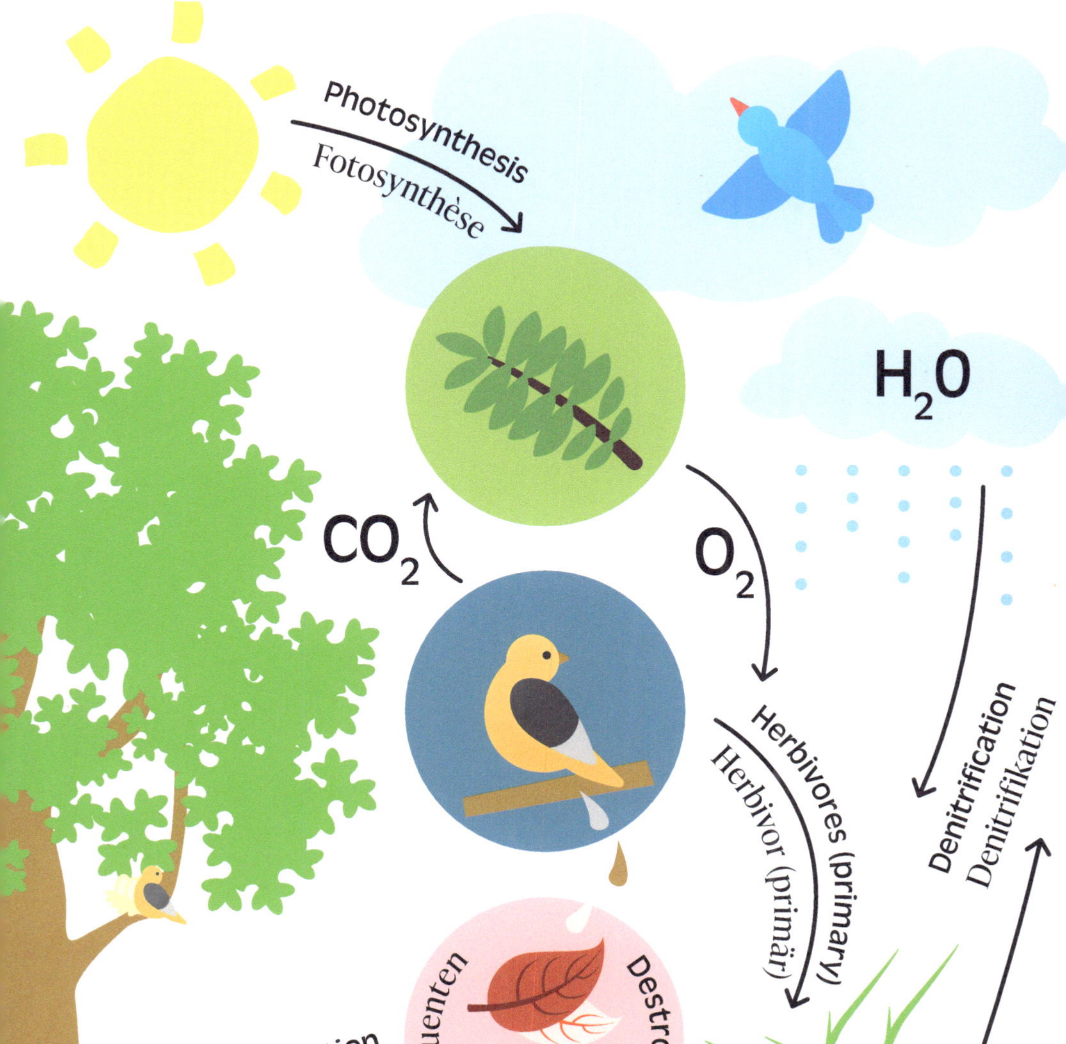

Auswirkungen von Vögeln auf das Ökosystem

Tips for Bird Watching

Tipps zur Vogelbeobachtung

The birdwatcher's code

- Be discreet, don't shout or even speak loudly
- Avoid wearing bright colours
- Move slowly and/or stand still
- Do not disturb birds and other animals during your observation
- Stay on the paths in protected areas

- Sei diskret, schrei nicht und sprich nicht laut
- Trage keine grellen Farben
- Beweg dich langsam und/oder steh still
- Störe keine Vögel und andere Tiere bei deiner Beobachtung
- Verlasse in Schutzgebieten nicht die Wege

Birds are active in the morning, so listen to them when you wake up!

Vögel sind morgens aktiv, also höre ihnen zu, wenn du aufwachst!

At night, owls and nightingales can be heard.

Nachts kann man Eulen, Käuze und Nachtigall hören.

Kodex für Ornithologen

When?
Wann?

You can see birds all year round:
Vögel können das ganze Jahr über beobachtet werden:

In winter, watch garden birds approaching the houses (see "How can you help birds at home?", p. 60-61).
Im Winter beobachtet man Gartenvögel, die sich den Häusern **nähern** (siehe "Wie kann man Vögeln zu Hause helfen?", S. 60-61).

Bird migration starts **in autumn**. Some bird species can be seen flying across the sky in a V-shape
Im Herbst startet der Vogelzug. Man sieht einige Vogelarten in V-Form über den Himmel ziehen.

In spring, young birds (ducks, geese...) can be observed in parks.
Im Frühling kann man Jungvögel (Enten, Gänse...) in den Parks beobachten.

In summer, you can watch the young birds fledge and emancipate themselves.
Im Sommer kann man beobachten, wie die Jungvögel flügge werden und sich emanzipieren.

The ornithology kit
Das Ornithologie-Set

- ○ Notebook
- ○ Pen
- ○ A good pair of binoculars
- ○ Cloth for cleaning binocular lenses
- ○ Bird identification book
- ○ Optional: camera, spyglass

- ○ Notizbuch
- ○ Stift
- ○ Ein gutes Fernglas
- ○ Tuch zum Reinigen der Linsen des Fernglases
- ○ Buch zur Bestimmung von Vögeln
- ○ Fakultativ: Kamera, ein Spektiv

Autumn / winter

- ○ Warm, rainproof clothing
- ○ Good shoes that can get dirty
- ○ Hat
- ○ Warm, rain-resistant gloves
- ○ Hot drink in an insulated flask

Im Herbst / Winter

- ○ Warme, regenfeste Kleidung
- ○ Gute Schuhe, die schmutzig werden dürfen
- ○ Mütze
- ○ Warme, regenfeste Handschuhe
- ○ Heißes Getränk in einer Thermoskanne.

In summer

- ○ Cap for the sun
- ○ Good shoes that can get dirty
- ○ Sunglasses
- ○ Sun cream
- ○ Water bottle

Im Sommer

- ○ Sonnenhut
- ○ Gute Schuhe, die schmutzig werden dürfen
- ○ Sonnenbrille
- ○ Sonnencreme
- ○ Eine Feldflasche mit Wasser

How to read the descriptions?
Wie liest man die beschriebenen Teile?

Before we get started, we'll introduce you to the graphic codes governing the descriptions of each bird, using the example of the Oystercatcher

Bevor wir beginnen, stellen wir dir die grafischen Codes vor, die für die Beschreibungen der einzelnen Vögel gelten, hier am Beispiel des Austernfischers.

The Oystercatcher
Der Austernfischer

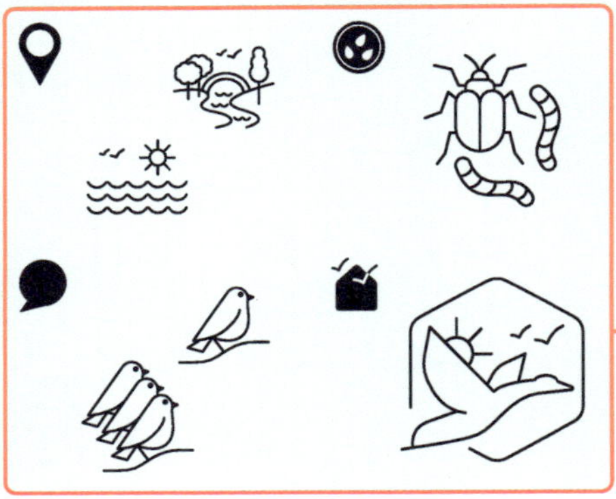

43 cm

It has a black body, pink legs, a long orange beak, red eyes and a white belly. It opens shellfish by tapping them or sliding its beak inside. It is a good swimmer and can travel 15 m underwater flapping its wings.

Sein Körper ist schwarz mit rosafarbenen Beinen, einem langen orangefarbenen Schnabel, roten Augen und einem weißen Bauch. Er öffnet Muscheln, indem er auf sie klopft oder den Schnabel in sie hineingleiten lässt. Er ist ein guter Schwimmer und kann 15 m unter Wasser zurücklegen, indem er mit den Flügeln schlägt.

Singing
Gesang

Common Name
Laufender Name

Photo
Foto

Size (head to tail)
Größe (Kopf bis Schwanz)

Biotope — Lebensumfeld

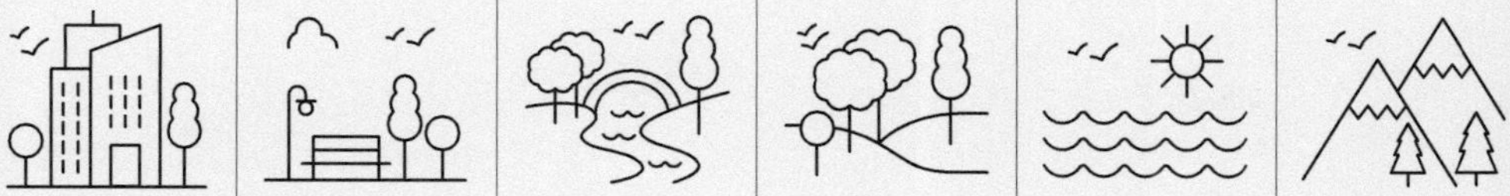

City	Park/Garden	Ponds/ Streams	Forest	Sea	Mountain
Stadt	Park / Garten	Teich / Wasserlauf	Wald	Meer	Berg

Diet — Ernährung

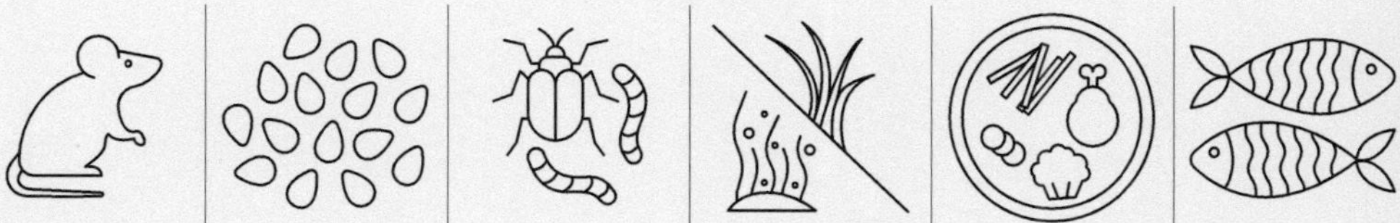

Carnivore	Granivore	Insectivore	Herbivore	Omnivore	Piscivorous
Fleischfresser	Körnerfresser	Insektenfresser	Herbivor	Allesfresser	Fischfresser

Social interaction
Verhalten

Alone	In pairs	In a group
Allein	Als Paar	In einer Gruppe

Migratory or sedentary
Zugvogel oder Sesshaft

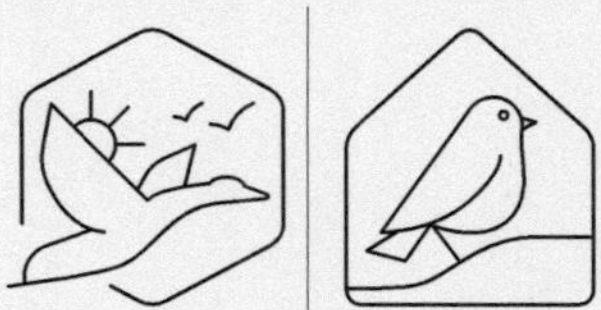

Migratory	Sedentary
Zugvogel	Sesshaft

In the city
In der Stadt

Birds at the Town Hall

Vögel beim Rathaus

The House Sparrow
Der Haussperling

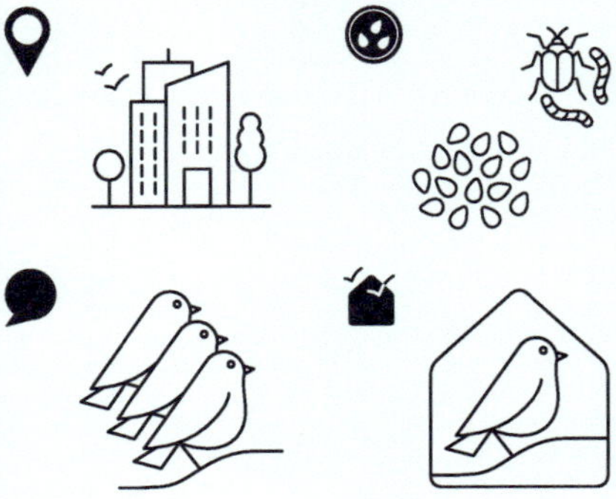

14 cm

The male has brown wings, a grey body with black patches on the chest and a grey, brown and black head. The female is entirely light brown. They travel in groups and are not shy, pecking at the ground while hopping. It chirps.

Das Männchen hat braune Flügel, einen grauen Körper mit schwarzem Brustfleck und einen grauen, braunen und schwarzen Kopf. Das Weibchen ist ganz hellbraun. Er bewegt sich in Gruppen, ist sehr wenig scheu und pickt hüpfend am Boden. Er zwitschert.

The Eurasian Collared Dove
Die Türkentaube

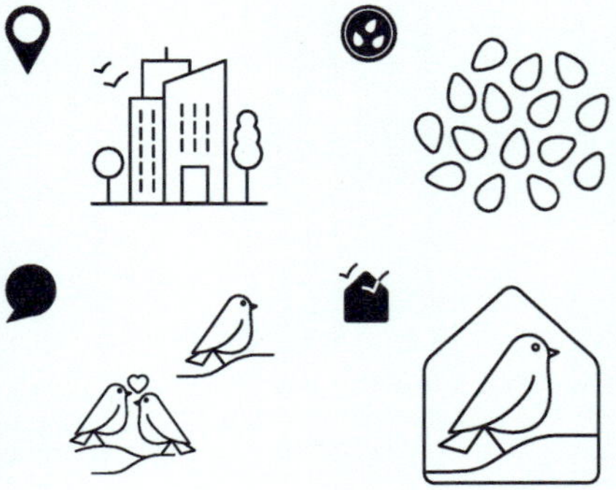

29-33 cm

Grey plumage with shades of pink, it has red eyes and a black collar. Very often seen in pairs, it can be seen in city trees and on electricity cables. It coos. It has taken advantage of humans to colonise Europe.

Sie hat ein graues Gefieder mit einem rosafarbenen Schimmer, roten Augen und einem schwarzen Halsband. Sie ist sehr oft in Paaren unterwegs und kann in Bäumen in Städten und auf Stromkabeln gesehen werden. Sie gurrt. Sie hat sich die Menschen zunutze gemacht, um Europa zu besiedeln.

Photo: ©Alexander Mitschke

The Rock Pigeon
Die Straßentaube

29-37 cm

It has orange eyes, blue-grey plumage with purple highlights, grey and black wings and pink legs. It moves around the ground in search of food, is very gregarious and can nest almost anywhere. It coos. Its droppings are so acidic that they can damage buildings.

Sie hat orangefarbene Augen, ein blaugraues Gefieder mit malvenfarbenen Reflexen, grau-schwarze Flügel und rosafarbene Beine. Sie bewegt sich auf dem Boden auf der Suche nach Nahrung, ist sehr gesellig und kann fast überall nisten. Sie gurrt.

Photo: ©Alexander Mitschke

The Kestrel
Der Turmfalke

34 cm

The male is a third smaller than the female, reddish-brown with black spots and a cream-coloured underside speckled with black. The female has a brown head and tail with black stripes, while the male is grey. One typical hunting technique consists in hovering to look down for ground prey. What it does not digest is spat out in "pellets".

Das Männchen ist um ein Drittel kleiner als das Weibchen. Er ist rotbraun mit schwarzen Flecken, die Unterseite ist cremefarben mit schwarzen Sprenkeln. Das Weibchen hat einen braunen Kopf und einen braunen Schwanz mit schwarzen Streifen, während das Männchen grau ist. Er jagt im Gleitflug mit gespreizten Flügeln, um nach unten zu schauen. Was er nicht verdaut, spuckt er in "Gewöllen" wieder aus.

Photo: ©Instinct Animal

The Common Swift
Der Mauersegler

17 cm

With its black feathers and tiny beak, its body resembles a sickle. It sleeps, mates and feeds in flight. Adults can stay in the air for several months without ever landing. It can reach speeds of 200 km/h. It nests under roofs during the breeding season.

Schwarze Federn, mit einem winzigen Schnabel, sein Körper erinnert an eine Sichel. Er schläft, paart und ernährt sich im Flug. Erwachsene können mehrere Monate in der Luft bleiben, ohne sich je niederzulassen. Er kann Spitzengeschwindigkeiten von bis zu 200 km/h erreichen. Er nistet während der Brutzeit unter Dächern.

Photo: ©Alexander Mitschke

The Black-headed Gull
Die Lachmöwe

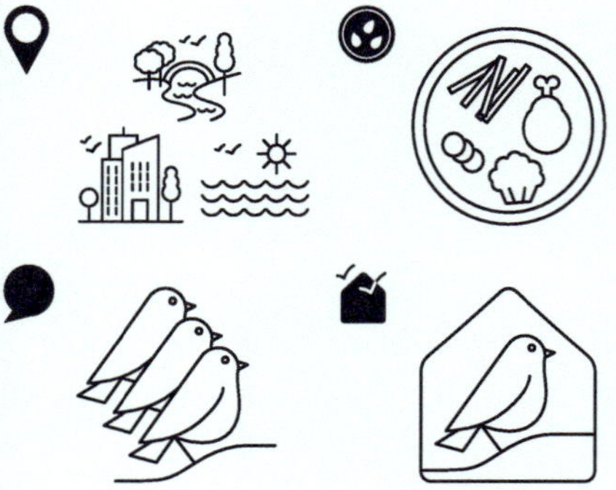

36 cm

It has white and grey plumage with pink/red legs and beak and black tips. Its head, black in summer, turns white with a black spot on the cheeks in winter. It adapts quickly to its habitat and nests in colonies. Its hoarse call resembles a laugh.

Sie hat ein weißes und graues Gefieder mit rosa/roten Beinen und Schnabel, die Enden sind schwarz. Der Kopf ist im Sommer schwarz und wird im Winter weiß mit einem schwarzen Punkt auf den Wangen. Sie passt sich schnell an die Umgebung an und nistet in Kolonien. Ihr heiserer Ruf klingt wie ein Lachen.

Photo: ©Alexander Mitschke

The Herring Gull
Die Silbermöwe

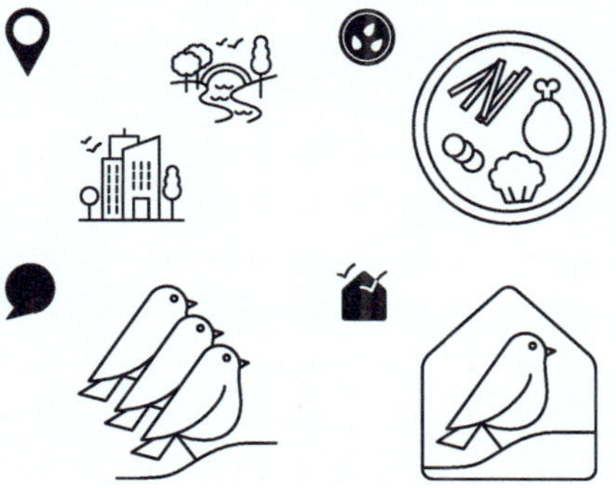

60 cm

It has a white body, a yellow beak with a black mark above and a red mark below, black wing feathers and white rectrices. Very sociable, it can live in colonies with other species. It has a range of loud, shrill calls. It's not picky about food at all.

Sie hat einen weißen Körper, einen gelben Schnabel mit einer schwarzen Markierung auf der Oberseite und einer roten Markierung auf der Unterseite, schwarze Schwanzfedern und weiße Steuerfedern. Sie ist sehr gesellig und kann auch mit anderen Arten zusammenleben. Sie ist laut und verfügt über eine Reihe von lauten und schrillen Rufen. Sie ist überhaupt nicht wählerisch, was das Essen angeht.

Photo: ©Anthony - Pexel

The Jackdaw
Die Dohle

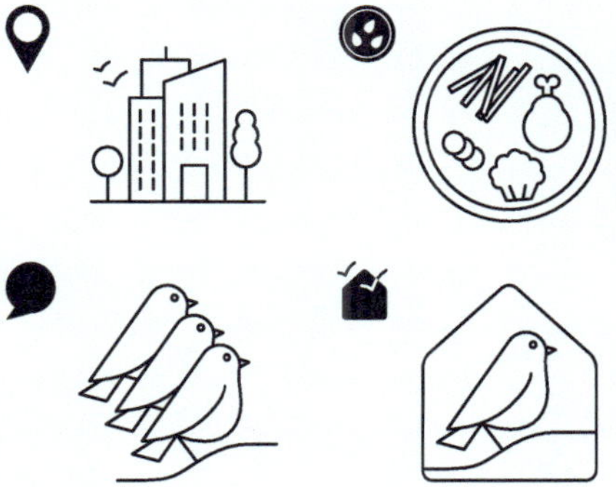

33 cm

They are dull grey with shiny black heads, tails and wings, and white irises. Sociable, they sleep in dormitory trees, from where they all fly off at the same time in the morning. In couples, they are faithful throughout their lives. Its croak is unforgettable.

Sie ist mattgrau mit glänzend schwarzem Kopf, Schwanz und Flügeln, ihre Iris ist weiß. Sie sind gesellig und schlafen in Schlafbäumen, von denen am Morgen alle gleichzeitig wegfliegen. Als Paar bleiben sie sich ein Leben lang treu. Ihr Krächzen ist unvergesslich.

The Tree Sparrow
Der Feldsperling

The Tree Sparrow has a black spot on its cheek and a dark brown head. Tree Sparrows mate for life and are very loyal. In winter, they like to huddle in a nest box with other tree Sparrows. They are more discreet than their domestic counterparts.

Der Feldsperling hat einen schwarzen Punkt auf der Wange und einen dunkelbraunen Kopf. Feldsperlinge schließen lebenslange Partnerschaften und sind sehr treu. Im Winter kuscheln sie sich gerne mit anderen Feldsperlingen in einen Nistkasten. Sie sind unauffälliger als Haussperlinge.

And also... Und außerdem...

The Black Redstart
Der Hausrotschwanz

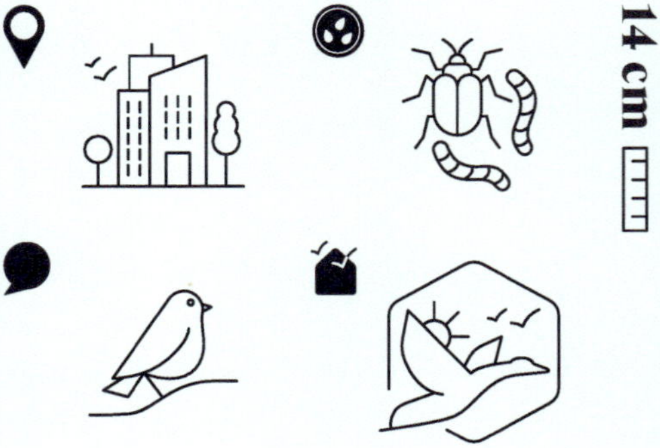

The Black Redstart is dark grey, lighter on the legs and wings, with a brick-red tail that it regularly flicks. It can capture insects on a wall in flight or pick berries from trees.

Er ist dunkelgrau, an den Beinen und Flügeln heller und hat einen ziegelroten Schwanz, den er regelmäßig wippen lässt. Er kann im Flug Insekten an einer Felswand fangen oder Beeren von den Bäumen pflücken.

Good to know

Although it may be tempting to feed bread to ducks, it should be avoided for several reasons. From a nutritional point of view, bread is the equivalent of fast food for birds: too much salt, no nutritional value, often contains various chemicals... and it swells in their stomachs. Also, the uneaten pieces end up at the bottom of the water, contributing to the development of green algae that is harmful to the ecosystem.

Gut zu wissen

Auch wenn es verlockend sein mag, Enten Brot zu geben, sollte man dies aus mehreren Gründen vermeiden. Aus ernährungswissenschaftlicher Sicht kommt Brot für Vögel Fastfood gleich: zu viel Salz, kein Nährwert, enthält oft verschiedene Chemikalien... und es bläht sich in ihrem Bauch auf. Außerdem landen die nicht gefressenen Stücke auf dem Grund des Wassers und tragen so zur Entwicklung von Grünalgen bei, die für das Ökosystem schädlich sein könnten.

Not shown in the illustration Nicht in der Abbildung dargestellt

The Barn Swallow
Die Rauchschwalbe

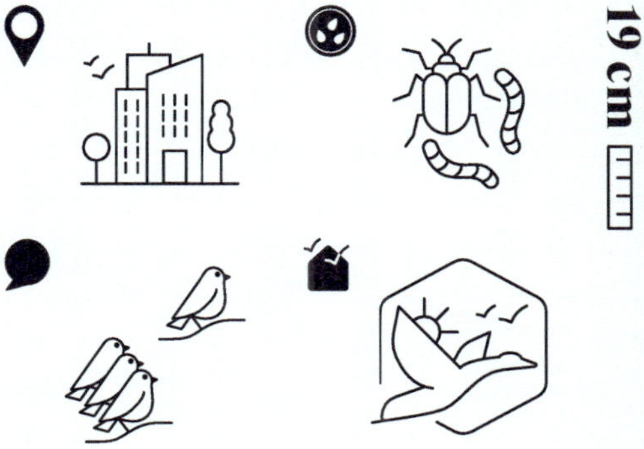

It has shiny black plumage with a white belly, tapering tail and red throat. Nests can be seen along walls and on beams inside open buildings. It stays in the air most of the time, sometimes resting on electric cables. It chirps.

Sie hat ein glänzend schwarzes Gefieder mit einem weißen Bauch, einen schlanken Schwanz und eine rote Kehle. Ihr charakteristisches Nest sieht man entlang an Wänden und auf Balken innerhalb offener Gebäude. Sie bleibt die meiste Zeit im Flug, manchmal sitzt sie auch auf Stromkabeln. Ihr Ruf ist ein Zwitschern.

Game: Recognise the silhouettes

The Common Swift
Der Mauersegler

The Carrion Crow
Die Rabenkrähe

The Kestrel
Der Turmfalke

The Barn Swallow
Die Rauchschwalbe

Spiel: erkenne die Silhouetten

In gardens
Im Garten

Birds in the Stadtpark

Vögel im Stadtpark

Photo: ©Alexander Mitschke

The Great Tit
Die Kohlmeise

Yellow feathers on the body with a black band, black head and white cheeks, blue-green wings. Agile, they can cling vertically to branches. Sometimes they nest in letterboxes!

Sie hat gelbe Federn am Körper mit schwarzem Band, einen schwarzen Kopf, weiße Wangen und blau-grüne Flügel. Sie ist flink und kann sich vertikal und an Ästen festhalten. Manchmal nisten sie in Briefkästen!

Photo: ©Alexander Mitschke

The Blue Tit
Die Blaumeise

Europe's only blue and yellow passerine – yellow on the body, light blue on the top of the head and a line around the eyes, white cheeks, blue-green wings and legs. Agile and intelligent, it nests in cavities. It has a highly recognisable song.

Sie ist der einzige blau-gelbe Singvogel Europas – gelb am Körper, hellblau am Oberkopf und ein Strich in Augenhöhe, weiße Wangen, blau-grüne Flügel und Füße. Sie ist wendig, intelligent und nistet in Höhlen. Sie hat einen gut erkennbaren Gesang.

Photo: © Janik – Unsplash

The Carrion Crow
Die Rabenkrähe

Its plumage, beak and legs are entirely black. A highly intelligent bird that can use objects (stones, etc.) as tools. Not very shy. It caws. Distinct from the rook, which has a black and white beak.

Sie hat ein vollständig schwarzes Gefieder, Schnabel und Beine. Sie ist ein sehr intelligenter Vogel, der Gegenstände (Steine usw.) als Werkzeuge benutzen kann und nicht sehr scheu ist. Sie krächzt. Sie unterscheidet sich von der Saatkrähe, die einen schwarz-weißen Schnabel hat.

Photo: ©Alexander Mitschke

The Blackbird
Die Amsel

The male is all black, with a yellow beak and a yellow circle around the eye. The female is brown. Rather solitary and shy, they fly quickly. They nest on the ground or in bushes. The male is a very good singer. It performs a courtship display on the ground, crawling along with its tail fanned out.

Das Männchen ist ganz schwarz, hat einen gelben Schnabel und einen gelben Ring um das Auge, das Weibchen ist braun. Sie ist eher ein Einzelgänger, wenig scheu und fliegt schnell. Sie nistet am Boden oder fast am Boden in den Büschen. Das Männchen ist ein sehr guter Sänger. Sie führt am Boden eine Balz durch, bei der er mit gefächertem Schwanz kriecht.

The Common Starling
Der Star

With a yellow beak, pink legs and black plumage dotted with golden spots, the Common Starling is very gregarious, flies in groups, sleeps in dormitories and nests in hollow trees. An excellent singer, it can imitate many birds.

Mit einem gelben Schnabel, rosafarbenen Beinen und einem schwarzen Gefieder mit goldenen Punkten ist er sehr gesellig, fliegt in Gruppen, hat feste Schlafbäume und nistet in hohlen Bäumen. Er ist ein ausgezeichneter Sänger, der viele Vögel imitieren kann.

The Magpie
Die Elster

It has a black chest and head, a white body and iridescent blue-green wings and tail. It is not very shy, finding its prey and food on the ground. It chatters. It tops its nest with a roof of branches.

Sie hat eine schwarze Brust und einen schwarzen Kopf, einen weißen Körper, grün-blau schillernde Flügel und einen blaugrünen Schwanz. Sie ist nicht sehr scheu und sucht ihre Beute und Nahrung am Boden. Ihr Ruf klingt wie Schnattern. Sie überdacht ihr Nest mit einem Dach aus Zweigen.

The Great Spotted Woodpecker
Der Buntspecht

23 cm

It has grey legs and beak, white cheeks and belly, a red mark at the bottom of the belly and a black and white body. Only the male has a red spot on his head. It clings to tree trunks. It taps the bark of trees with its beak to find insects; its sticky tongue can extend 10 cm to collect them.

Er hat graue Beine und Schnabel, weiße Wangen und Bauch, eine rote Markierung am Unterbauch, sein Körper ist weiß und schwarz. Nur das Männchen hat einen roten Punkt auf dem Kopf. Er hängt sich an den Baumstümpfen fest. Er klopft mit seinem Schnabel auf die Baumrinde, um Insekten darin zu finden ; seine klebrige Zunge kann sich bis zu 10 cm ausdehnen, um sie zu ernten.

The Wood Pigeon
Die Ringeltaube

33 cm

It has blue-grey plumage with pinkish tints on the chest, white patches on the wings, neck and at the base of the beak, and a black tail tip. It is not very shy and tends to frequent gardens and woodlands. It parades in the air, flapping its wings. It coos.

Sie hat ein blaugraues Gefieder mit rosafarbener Brust, weiße Flecken auf den Flügeln, Hals und Schnabelansatz sowie eine schwarze Schwanzspitze. Sie ist nicht sehr scheu und hält sich eher in Gärten und Wäldern auf. Sie pariert in der Luft, indem sie mit den Flügeln klappert. Sie gurrt.

The Common Buzzard
Der Mäusebussard

Photo: ©Alexander Mitschke

With its brown and white striped plumage, which can be highly variable, and yellow beak and legs, the Common Buzzard sits high above the ground. To hunt, it hovers and swoops down on its prey, closing its wings. The buzzard decorates its nest with fresh plants and lives in fixed pairs. It produces a drawn-out "kee-aaah" call.

Mit einem braun-weiß gestreiften Gefieder, das sehr variabel sein kann, und einem gelben Schnabel und gelben Beinen, landet er in großer Höhe. Bei der Jagd schwebt er und stürzt sich mit geschlossenen Flügeln auf seine Beute. Der Mäusebussard schmückt sein Nest mit frischen Pflanzen und lebt in festen Paaren. Er ruft laut "piijäh".

The Eurasian Jay
Der Eichelhäher

Photo: ©Steffi Wacker – Pexels

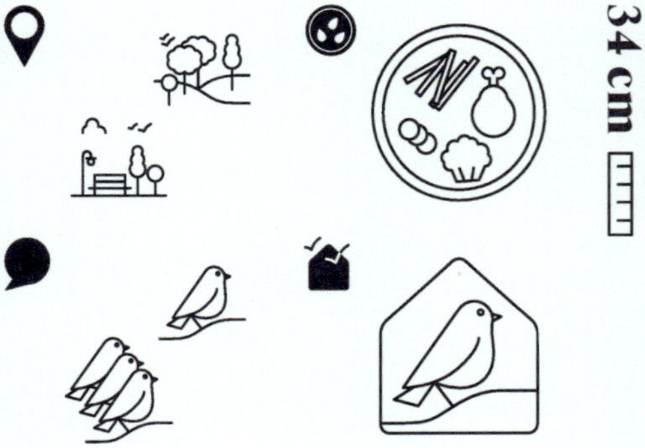

It is salmon pink with blue feathers streaked with blue and white on the wings, black beak and white top of the head, covered with small black feathers. It is one of the rare birds to hide acorns (it stores them for the winter) by burying them. As it forgets some, it takes part in reforestation. It chatters.

Er ist lachsrosa mit blauen Federn mit blauen und weißen Streifen auf den Flügeln, schwarzem Schnabel und weißem Oberkopf, der mit kleinen schwarzen Federn bedeckt ist. Er ist einer der wenigen Vögel, die Eicheln horten (er legt einen Vorrat für den Winter an), indem er sie vergräbt. Da er welche vergisst, forstet er wieder auf. Sein Ruf klingt wie Schnattern.

The Bullfinch
Der Gimpel

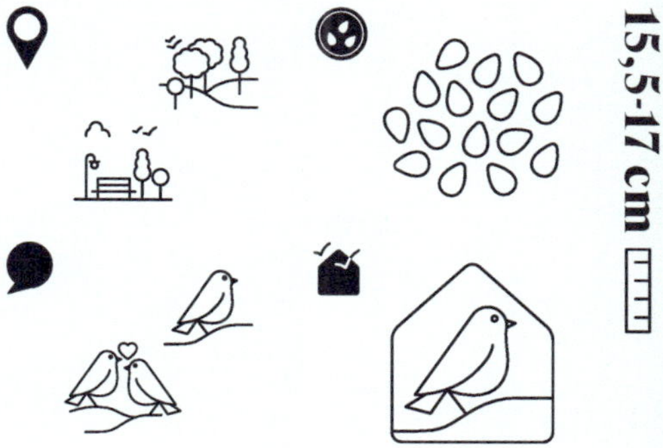

The male's breast is bright red, while the female's plumage is light brown. The pair is formed each season after a courtship and offering by the male. The nest is built on the branch of a tree, in a bush or a copse, in a place chosen by the male, but the construction of the nest is the responsibility of the female and the male follows her. The song is monotonous and easy to recognise.

Die Brust des Männchens ist leuchtend rot, während das Gefieder des Weibchens hellbraun ist. Das Paar bildet sich zu jeder Jahreszeit nach einer Balz und einer Opfergabe des Männchens. Das Nest wird auf dem Ast eines Baumes, in einem Busch oder Unterholz an einem vom Männchen gewählten Ort gebaut, aber der Nestbau obliegt dem Weibchen, auch wenn das Männchen ihr folgt. Monotoner Gesang, der leicht zu erkennen ist.

The Robin
Das Rotkehlchen

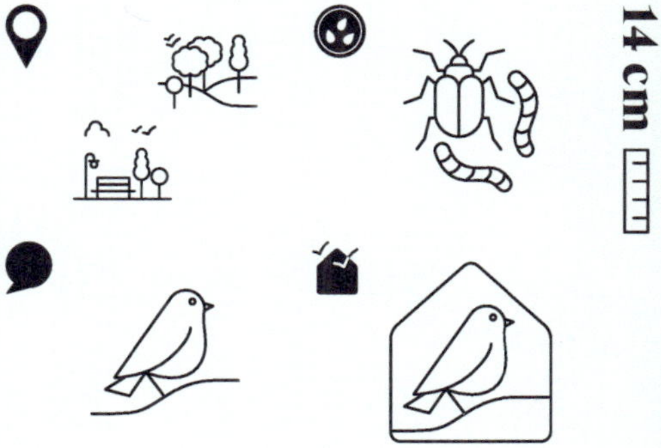

With its red breast and the front of its head, and the rest of its body brown, the robin is easy to recognise. It is not shy and is easy to observe. The little nests, perfectly woven at ground level at the foot of hedges, are built by the female in April. The chicks weigh just 2g when they hatch. It is a very good singer.

Mit seiner roten Brust und dem roten Vorderkopf und dem braunen Rest des Körpers ist es leicht zu erkennen. Es ist nicht scheu und leicht zu beobachten. Die kleinen, perfekt gewebten Nester in Bodennähe am Fuß von Hecken werden vom Weibchen im April gebaut. Die Jungvögel wiegen beim Schlüpfen nur 2 g. Es ist ein sehr guter Sänger.

The Eurasian Nuthatch
Der Kleiber

It has a pink-orange belly, light blue back, wings and tail, white cheeks and a black line around its eyes. It climbs trees and flies from tree to tree. It knows how to open seeds; once stuck, it taps them with its long beak. It whistles.

Er hat einen rosa-orangefarbenen Bauch, einen hellblauen Rücken, Flügel und Schwanz, weiße Wangen und einen schwarzen Strich auf Augenhöhe. Er bewegt sich fort, indem er an Bäumen entlang klettert. Er kann die Samen öffnen, wenn sie einmal stecken geblieben sind, klopft sie mit ihrem langen Schnabel ab. Sein Ruf ist ein Pfeifen.

And also... Und außerdem...

The Green Woodpecker
Der Grünspecht

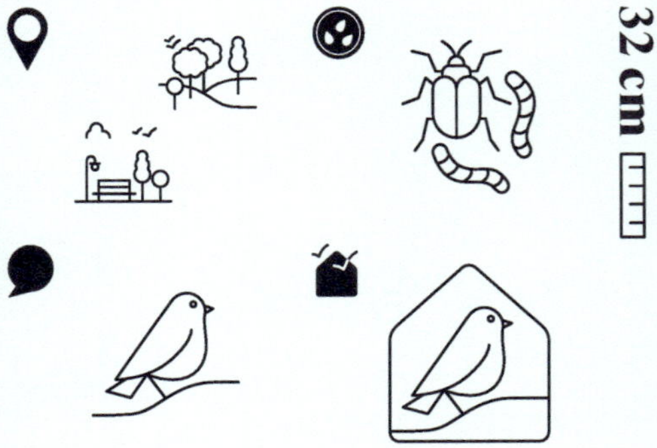

With its green back and light grey belly, black and yellow wings and red and black head. A tree-dweller, it nests in cavities dug in the wood. It feeds largely on ants, which it picks up from the ground with its very long, sticky tongue. Its song sounds like laughter.

Er hat einen grünen Rücken, hellgrauen Bauch, schwarz-gelbe Flügel und einen rot-schwarzen Kopf. Er klettert an Bäumen hoch und nistet in ausgehöhlten Höhlen. Er ernährt sich größtenteils von Ameisen, die er mit seiner sehr langen, klebrigen Zunge vom Boden aufsucht. Sein Gesang klingt wie ein Lachen.

Good to know

In spring, you may come across chicks that have fallen from their nests. If the chick has no feathers and you spot the nest, don't hesitate to put the chick back in because - unlike some mammals - human odour doesn't bother birds and the parents will continue to look after the fallen chick. Be careful, if the bird is already fully feathered, leave it there except in case of direct danger (harassed by a cat/dog, sitting on a road).

Gut zu wissen

Im Frühling kann man auf Jungvögel stoßen, die aus dem Nest gefallen sind. Wenn der Jungvogel noch keine Federn hat und du das Nest ausfindig machst, zögere nicht, den Jungvogel wieder in das Nest zu setzen, denn - anders als bei manchen Säugetieren - stört der menschliche Geruch die Vögel nicht und die Eltern werden sich weiterhin um den gefallenen Jungvogel kümmern. Achtung: Wenn der Vogel bereits alle seine Federn hat, lasse ihn in Ruhe, es sei denn, er ist in direkter Gefahr (von einer Katze oder einem Hund belästigt, auf einer Straße sitzend).

Not shown in the illustration Nicht in der Abbildung dargestellt

The Tawny Owl
Der Waldkauz

It has brown and white plumage, which enables it to camouflage itself. It is a nocturnal bird that lives in woods and nests in dead / hollow trees. It hollers. It can take sun baths to dry out or dust baths to get rid of parasites.

Er hat ein braunes und weißes Gefieder, mit dem er sich gut tarnen kann. Er ist ein nachtaktiver Vogel, der in Wäldern lebt und in toten / hohlen Bäumen nistet. Er schreit. Er nimmt Sonnenbäder zum Trocknen oder Staubbäder, um sich von Parasiten zu befreien.

Game: 7 differences

Photo: ©Pexels

1. blue headband
2. line over eyes
3. different Size
4. black line on belly
5. blue legs
6. blue wings
7. white forehead (Blue Tit)

1. blaues Oberteil
2. Strich über den Augen
3. unterschiedliche Größe
4. schwarzer Strich auf dem Bauch
5. blaue Beine
6. bläuliche Flügel
7. weiße Stirn (Blaumeise)

between the Blue Tit and the Great Tit
zwischen Blaumeise und Kohlmeise

Spiel: 7 Unterschiede

Quiz:
Find the right name

- ○ **The Eurasian Jay**
  Der Eichelhäher
- ○ **The Robin**
  Das Rotkehlchen

- ○ **The Blackbird**
  Die Amsel
- ○ **The Magpie**
  Die Elster
- ○ **The Great Spotted Woodpecker**
  Der Buntspecht

○ **The Black Tit**
Die Kohlmeise

○ **The Blue Tit**
Die Blaumeise

??Quiz: finde den richtigen Namen

Around the ponds

Rund um den Teich

Birds at Planten un Blomen

Vögel im Planten un Blomen

The Kingfisher
Der Eisvogel

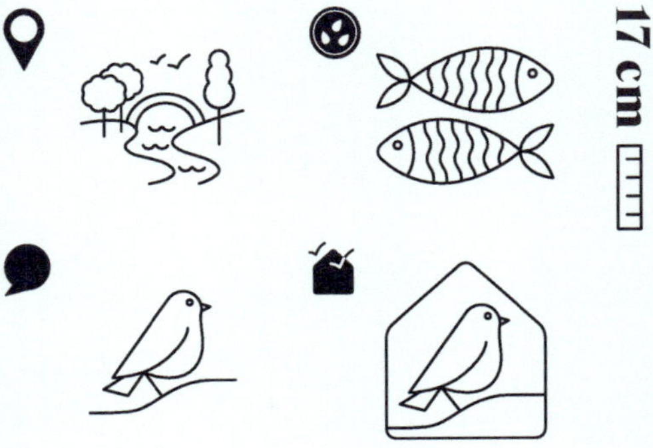

Electric blue plumage with a rufous belly and white and rufous cheeks, and a long black beak. It flies very fast, waits for its prey perched above the water and dives in to catch it. If the prey is too big, it hits it on wood to stun it. It lays its eggs in a nest dug into the steep bank.

Er hat ein blaues Federkleid, einen roten Bauch, weiße und rote Wangen und einen langen schwarzen Schnabel. Er fliegt sehr schnell, taucht nach seinem Mittagessen und wartet hoch über dem Wasser auf seine Beute. Wenn sie zu groß ist, schlägt er sie auf Holz, um sie zu betäuben. Er legt seine Eier in ein Nest, das er in das steile Ufer gegraben hat.

The Mallard
Die Stockente

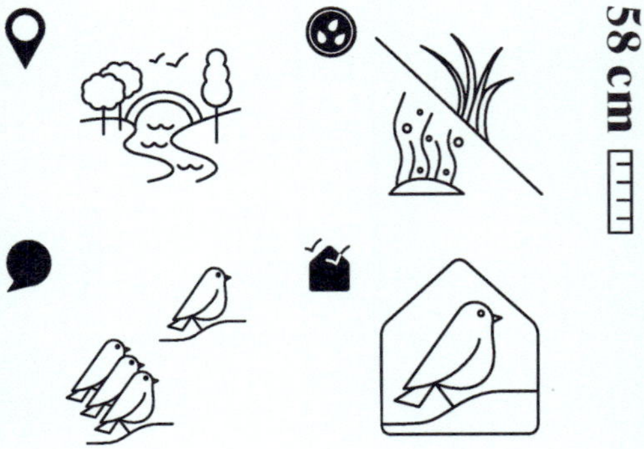

The male has a grey body with a yellow bill, a dark green head and a brown breast. The female has brown plumage, making it easier to camouflage. It is mainly found on the water of lakes, banks and wet meadows. Active both day and night. Their plumage is very impermeable. They quack.

Das Männchen hat einen grauen Körper mit gelbem Schnabel, einen dunkelgrünen Kopf und eine braune Brust. Das Weibchen hat ein braunes Gefieder, das die Tarnung erleichtert. Man findet sie vor allem auf dem Wasser von Seen, an Flussufern und auf feuchten Wiesen. Tag und Nacht aktiv. Ihr Gefieder ist sehr wasserabweisend. Sie schnattern.

The Coot
Das Blässhuhn

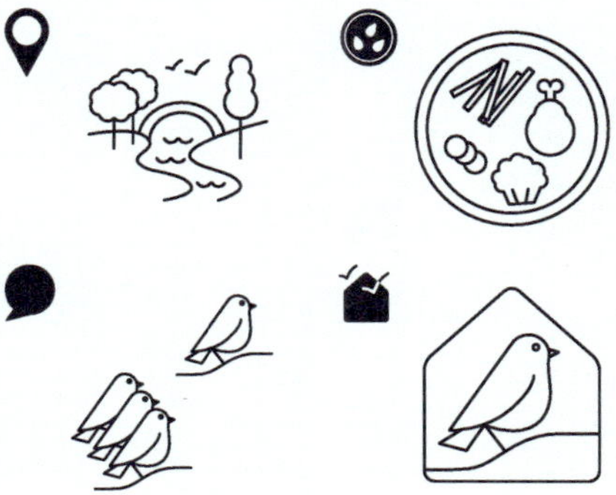

38 cm

Entirely black, with red eyes, a beak and a white bony bulge at the front of its head, its unique feather-like legs are adapted to a damp environment. They make their nests on plants on the surface of the water. Not to be confused with the moorhen, which has a red and yellow beak.

Es ist ganz schwarz, hat rote Augen, einen Schnabel und eine weiße Stirnplatte. Seine einzigartigen Füße sind federähnlich und an die feuchte Umgebung angepasst. Das Nest wird gebaut auf Pflanzen auf der Wasseroberfläche. Nicht zu verwechseln mit dem Teichhuhn, das einen roten und gelben Schnabel hat.

The Moorhen
Das Teichhuhn

33 cm

Its plumage ranges from blue to black, with brown wings and a white patch on the side of the rump. Its legs are yellow-green and long. During mating, the female accepts the male by curtseying. He does the same. They remain faithful. The moorhen shares its territory, except with coots.

Sein Gefieder ist blau bis schwarz, mit braunen Flügeln und einem weißen Fleck an den Seiten des Schwanzes. Die Beine sind gelbgrün und lang. Während der Paarung akzeptiert das Weibchen das Männchen mit einer Verbeugung, das Männchen tut es ihr gleich. Sie bleiben einander treu. Das Teichhuhn teilt sein Revier mit Blässhühnern.

The Canada Goose
Die Kanadagans

Photo: ©Alexander Mitschke

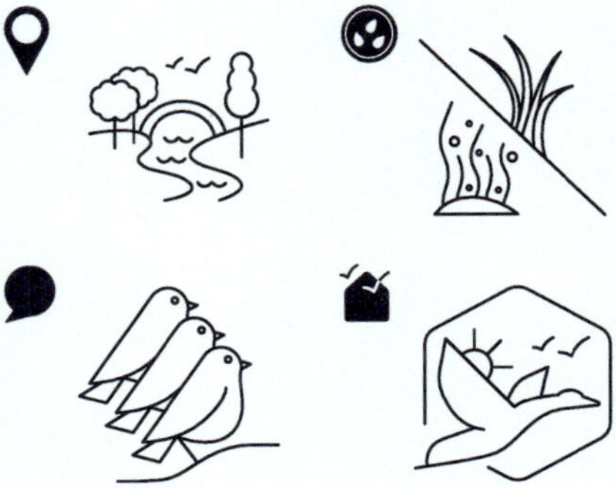

92-102 cm

North American goose with white belly, brown wings, black neck with white cheek patch, grey legs and black tail. The largest goose living in Europe, found in flocks near bodies of water in parks and woods. Its feathers are strong and preferred for making harpsichord mouthpieces.

Ursprünglich aus Nordamerika ist die Kanadagans mit weißem Bauch, braunen Flügeln, schwarzem Hals mit weißem Fleck auf der Wange, grauen Füßen und schwarzem Schwanz. Sie ist die größte in Europa lebende Gans und kommt in Trupps in der Nähe von Gewässern in Parks und Wäldern vor. Ihre Federn werden bevorzugt für die Herstellung von Cembalos - einem Tasteninstrument - verwendet.

The Greylag Goose
Die Graugans

Photo: ©Alexander Mitschke

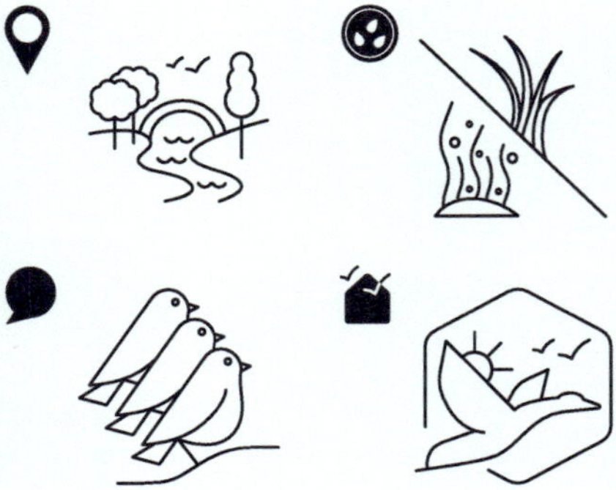

76-89 cm

It has a body covered in grey/brown feathers, pink beak and legs, and a white tail. A gregarious bird, it migrates in a V-shape in autumn and returns to lay eggs in spring. It quacks. Males and females are faithful throughout their lives.

Ihr Körper ist mit grau/braunen Federn bedeckt, ihr Schnabel und ihre Beine sind rosa, ihr Schwanz ist weiß. In Trupps zieht sie im Herbst in V-Form und kehrt im Frühjahr zum Eierlegen zurück. Sie schnattert. Männchen und Weibchen bleiben sich ein Leben lang treu.

The Chaffinch
Der Buchfink

15 cm

The male is pink and blue-grey, the female is brown. The nest site is chosen by the male. It feeds on the ground, mainly on seeds and insects during the mating season. They migrate only when it is too cold.

Das Männchen ist rosa und blaugrau, das Weibchen ist braun. Die Lage des Nestes wird vom Männchen gewählt. Er ernährt sich am Boden, während der Paarungszeit vor allem von Samen und Insekten. Er zieht nur in den Süden, wenn es zu kalt ist.

The Greenfinch
Der Grünfink

14-16 cm

It has a thick ivory beak, yellow wing bars and overall green plumage with a short yellow-edged tail. Its white eggs are mottled brown and black. It can eat the seeds directly from sunflowers.

Er hat einen dicken elfenbeinfarbenen Schnabel, gelbe Flügelbänder und ein insgesamt grünes Gefieder mit einem kurzen Schwanz mit gelbem Rand. Seine weißen Eier sind braun und schwarz gefleckt. Er versteht es, die Kerne direkt von den Sonnenblumen zu fressen.

The White Wagtail
Die Bachstelze

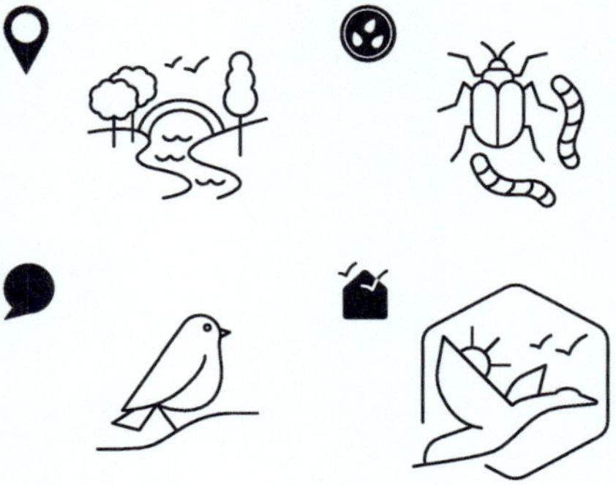

18 cm

It has a white belly, white cheeks, a black and white tail and a black breast and head. It has an undulating flight, and on the ground it "traps" (i.e. walks without hopping). It chirps. It sleeps in collective dormitories, on bushes, trees or reeds.

Sie hat einen weißen Bauch, weiße Wangen,einen auffällig langen schwarz-weißen Schwanz, eine schwarze Brust und einen schwarzen Kopf. Der Flug ist wellenförmig. Ruf und Gesang sind wie ein Zwitschern. Sie schläft in Gruppen-schlafplätzen auf Büschen, Bäumen oder im Schilf.

And also... Und außerdem...

The Mute Swan
Der Höckerschwan

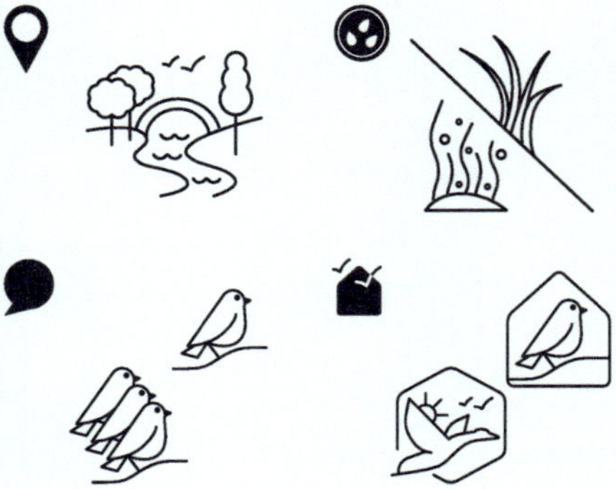

152 cm

The Mute Swan is a very large bird with white plumage, black legs, an orange beak and a bulge of black skin at the base. It tends to be seen on the water but can graze on the banks. One of the heaviest flying birds, it runs 8 to 20 metres to get airborne. Its call is not very harmonious.

Er ist sehr groß mit weißem Gefieder, schwarzen Beinen, mit orangefarbenem Schnabel und einem schwarzen Hautwulst an der Basis. Man sieht ihn eher auf dem Wasser, aber er kann auch an den Ufern grasen. Als einer der schwersten fliegenden Vögel läuft er 8 bis 20 Meter, um starten zu können. Sein Ruf ist wenig harmonisch.

The Grey Heron
Der Graureiher

98 cm

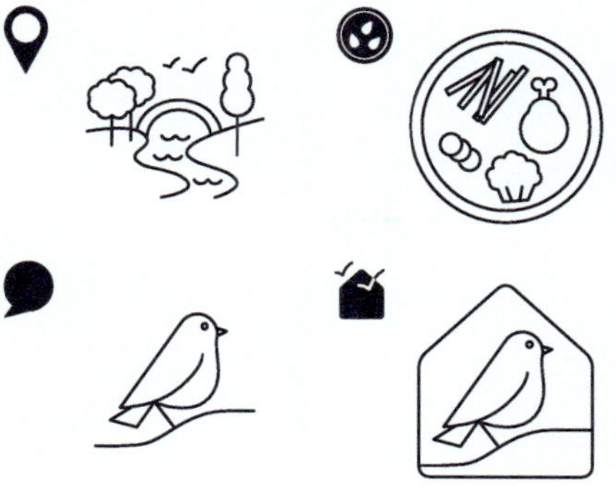

A very large bird with grey plumage, a streak of black feathers on its head and a yellow beak. It flies with its neck bent. When hunting, it can remain motionless for a long time, waiting for prey to come within range. Its song is a hoarse cry.

Er ist sehr groß und hat ein graues Gefieder mit schwarzen Federn auf dem Kopf und einem gelben Schnabel. Er fliegt mit angewinkeltem Hals. Wenn er jagt, kann er lange stillstehen und auf Beute warten. Der Gesang ist ein heiserer Ruf.

Not shown in the illustration Nicht in der Abbildung dargestellt

The Egyptian Goose
Die Nilgans

70 cm

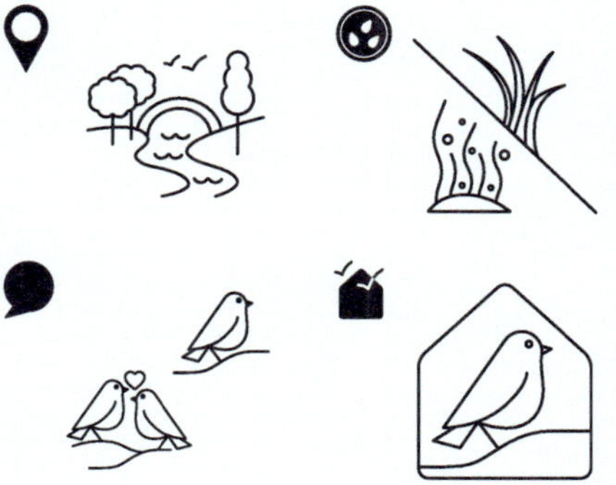

A large goose with a creamy grey body, pink legs and beak, black tail and orange neck and wings. This invasive species originated on the banks of the Nile (hence its name), where it was sacred in the time of the Pharaohs. Introduced by man, it annexes parks and becomes aggressive when it has young.

Große Gans mit cremegrauem Körper, rosafarbenen Beinen und Schnäbeln, schwarzem Schwanz, orangefarbenem Hals und orangefarbenen Flügeln. Invasive Gans, die ursprünglich von den Ufern des Nils (daher der Name) stammt, wo sie zur Zeit der Pharaonen heilig war. Durch den Menschen eingeführt, annektiert sie Parks und wird aggressiv, wenn sie Junge hat.

Photo: © Phil Mitchell – Pexels

The Great Crested Grebe
Der Haubentaucher

48 cm

White, with grey-brown back and wings, red eyes, orange hoopoe and cheeks with black stockings. It has an impressive courtship display with dancing, calling and diving. It flies very little, but is an excellent diver at depths of up to 3 mins and 20 m, most often 4 to 6 m.

Er ist weiß, mit grau-braunem Rücken und Flügeln, roten Augen, orangefarbenem Kamm und Wangen mit schwarzen Anhängen. Er hat eine beeindruckende Balz mit Tänzen, Rufen und Tauchgängen. Er fliegt sehr wenig, ist aber ein ausgezeichneter Taucher, bis zu 3 min und 20 m tief, über eine Entfernung von 4 bis 6 m.

And also... Und außerdem...

Photo: ©Alexander Mitschke

The Shelduck
Die Brandgans

61 cm

It has a greenish-black head with a white body, red feathers across the chest and a black line across the belly, pink legs and black wings. It has a red beak, with the male having a bulge above it. Gregarious, it puts its young in cots under adult supervision.

Ihr Kopf ist schwarzgrün mit einem weißen Körper. Sie hat rote Federn quer über der Brust und eine schwarze Linie auf dem Bauch, rosafarbene Beine und schwarze Flügel. Sie hat einen roten Schnabel, das Männchen hat eine markante Wölbung an der Oberseite. Jungvögel verschiedener Eltern werden in “Kindergärten” gemeinsam betreut.

The Great Cormorant
Der Kormoran

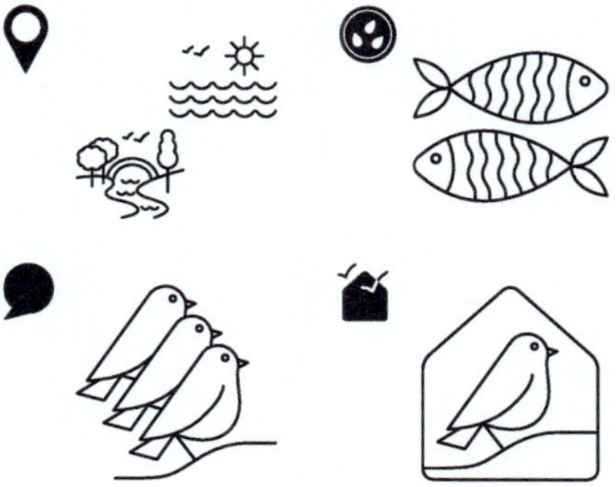

90 cm

Black with brown/purple highlights on its wings, a sharp beak and yellow skin at the base of its beak, it fishes by intermittently diving into slow-moving or stagnant water. Its plumage is permeable so that it can dive better (up to 40 m), and it has to dry it out, hence its position with its wings spread at the water's edge.

Schwarz mit braunem/violettem Schimmer auf den Flügeln, scharfer Schnabel und gelbe Haut an der Schnabelbasis, fischt durch zeitweiliges Tauchen in langsam fließenden oder stehenden Gewässern. Sein Gefieder ist durchlässig, um besser tauchen zu können (bis zu 40 m), er muss es trocknen, daher seine Position mit gespreizten Flügeln am Wasserrand.

Not shown in the illustration Nicht in der Abbildung dargestellt

The Tufted Duck
Die Reiherente

70 cm

The male is black with a white belly, blue beak, orange eye and a streak of black feathers on the head. The female is uniformly brown. Mainly found on the water and in pairs, it raises its flank feathers to form pockets in which it protects its wings from the water.

Das Männchen ist schwarz mit weißem Bauch, blauem Schnabel, orangefarbenen Augen und einer schwarzen Federsträhne auf dem Kopf. Das Weibchen ist einheitlich braun. Sie sind hauptsächlich auf dem Wasser. Sie sind hauptsächlich auf dem Wasser und als Paar zu sehen. Sie kann die Federn an ihren Flanken nach oben aufrichten und so Taschen bilden, in denen sie Ihre Flügel vor dem Wasser schützt.

Game: Learn how to draw a duck

1.

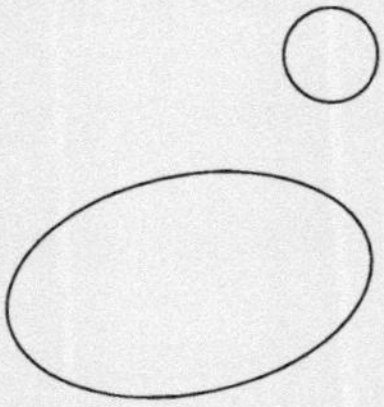

Draw a small circle for the head and a large, elongated oval underneath for the body.
Zeichne einen kleinen Kreis für den Kopf und ein großes, längliches Oval darunter für den Körper.

2.

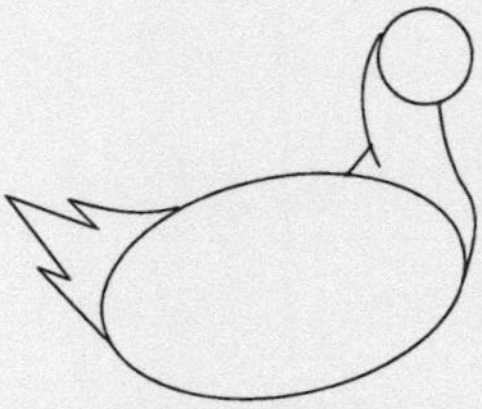

Connect the head to the body with curved lines. Draw the tail with three tips.
Verbinde den Kopf mit dem Körper durch geschwungene Linien. Zeichne den Schwanz mit drei Spitzen.

3.

Add the beak with straight lines and the legs: straight line and a triangle for each leg.
Füge den Schnabel mit geraden Strichen und die Beine hinzu: gerade Linie und ein Dreieck für jedes Bein.

4.

Then add a tiny circle for the eye and refine the details of the beak.
Füge dann einen winzigen Kreis für das Auge hinzu und verfeinere die Details des Schnabels.

Spiel: Lerne, eine Ente zu zeichnen

5.

Draw the final shape of the head and neck according to the initial sketch.
Zeichne die endgültige Form des Kopfes und des Halses entsprechend der anfänglichen Skizze.

6.

Continue with the duck's body and feet.
Fahre mit dem Körper und den Füßen der Ente fort.

7.

Draw the duck's webbed feet.
Zeichne die Schwimmfüße der Ente.

8.

Now erase all unnecessary lines.
Lösche nun alle unnötigen Striche.

9.

Now all that remains is to colour in.
Jetzt muss nur noch ausgemalt werden.

How can you help birds at home?

To maintain the balance of the ecosystem, birds must be preserved. However, there are many dangers, such as:

→ **Reduction of their habitat**
→ **Noise pollution**
→ **Hunting**
→ **Pollution and traffic**
→ **Glass buildings**
→ **Power lines and wind turbines**

ATTENTION
Don't treat your garden with pesticides, which kill their food.

ACHTUNG
Es ist gut, den Garten nicht mit Pestiziden zu behandeln, die ihre Nahrung abtöten.

Um das Gleichgewicht des Ökosystems zu erhalten, müssen die Vögel geschützt werden, aber es gibt viele Gefahren z.B.:

→ Die Zerstörung ihres Lebensraums
→ Die Lärmbelästigung
→ Die Jagd
→ Die Umweltverschmutzung und der Autoverkehr
→ Glasfassaden
→ Stromleitungen und Windkraftanlagen

Wie kann man Vögeln zu Hause helfen?

In winter: Install protected feeders, grease traps and nest boxes.

Im Winter: Man kann geschützte Futterstellen mit Fettkugeln und Nistkästen einrichten.

In spring: Plant butterfly/insect gardens and stop feeding them.

Im Frühling: Man kann Schmetterlings-/Insektengärten anlegen und aufhören, sie zu füttern.

In summer: Don't touch nests or young birds.

Im Sommer: Man sollte die Nester und Jungvögel in Ruhe lassen.

In autumn: Leave the dead trees that allow certain birds to feed and nest.

Im Herbst: Man sollte einige tote Bäume stehen lassen, die Vögeln als Nahrungsquelle und Nistplatz dienen können.

In winter,
build a bird feeder

Materials

- ○ A drinks carton (milk, fruit juice)
- ○ A bamboo stick or a piece of wood
- ○ 50 cm of string
- ○ A piece of cardboard
- ○ Decorations of your choice: leaves, twigs, buttons, flowers, etc.

Material

- ○ Ein Getränkekarton (Milch, Fruchtsaft)
- ○ Ein Bambusstab oder ein Stück Holz
- ○ Eine 50 cm lange Schnur
- ○ Ein Stück Pappe
- ○ Dekorationen deiner Wahl: Blätter, Zweige, Knöpfe, Blumen

Tools

- ○ Strong glue
- ○ Punch
- ○ Cutter
- ○ Brush
- ○ Pen
- ○ Ruler
- ○ Exterior paint

Werkzeuge

- ○ Starker Klebstoff
- ○ Locher
- ○ Cutter
- ○ Pinsel
- ○ Stift
- ○ Lineal
- ○ Farbe für den Außenbereich

Im Winter,
baue eine Futterstelle

20 min

Drying time depends on glue and paint
Trockenzeit je nach Klebstoff und Farbe

Level of difficulty: **MEDIUM**
Schwierigkeitsgrad: MITTEL

Steps Schritte

1. Remove the plastic cap and cover the hole with a piece of glued cardboard, paint the brick the colour you like, leave to dry for the time indicated.

   Entferne den Plastikdeckel und decke das Loch mit einem Stück Pappe ab, bemale den Karton in deiner Lieblingsfarbe und lasse ihn in der angegebenen Zeit trocknen.

2. Cut out a U shape 3 cm from the bottom and 1 cm from each edge over a height of 6 cm, fold the U shape upwards and cut, leaving 1 cm to make a canopy.

   Schneide 3 cm vom Boden und 1 cm von jedem Rand entfernt ein 6 cm hohes U aus, falte das U nach oben und schneide es so zu, dass 1 cm übrig bleibt, um ein Vordach zu bauen.

3. Tie a wire across the top of the brick.

   Befestige die Schnur quer über die Oberseite des Ziegels.

4. Punch a hole in the centre of the space below the opening to hold the stick.

   Durchbohre den Punkt in der Mitte des Raums unter der Öffnung, um den Stab/die Stange hineinzustecken.

5. Fill with birdseed (sunflower, hazelnuts/crushed nuts, peanuts...).

   Fülle ihn mit Vogelfutter (Sonnenblumenkerne, Haselnüsse / gehackte Walnüsse, Erdnüsse...).

6. Install the feeder in your garden.

   Stelle es in deinem Garten auf.

In winter,
prepare fat balls

Materials

- O Mixed bird seed
- O Vegetable fat (e.g. coconut oil, margarine)
- O String
- O Piece of wood
- O Bowl
- O Spatula
- O Fridge

Material

- O Samenmischung für Vögel
- O Pflanzenfett (z. B. Kokosöl, Margarine, etc.)
- O Schnur
- O Holzstück
- O Schüssel
- O Spatel
- O Kühlschrank

Good to know

- Choose raw seeds that have not been chemically treated.
- Once you've started feeding the birds, it's a good idea to continue until the end of winter.
- Try to spread out the feeding points.
- Don't feed too much at a time.

Gut zu wissen

- Wähle rohe Samen ohne chemische Behandlung
- Wenn du einmal angefangen hast , ist es zu empfehlen, Vögel bis zum Ende des Winters weiter zu füttern.
- Versuche, die Futterstellen zu verteilen.
- Lege nicht zu viel auf einmal aus.

Im Winter,
stelle Fettbällchen her

15 min

Level of difficulty: **EASY**
Schwierigkeitsgrad: LEICHT

Proportion: 1/3 fat to 2/3 seed
Verhältnis: 1/3 Fett auf 2/3 Samen

1

2

3

4

Steps Schritte

1. Hang a 20 cm loop of wire on each piece of wood.

   Hänge an jedes Holzstück eine 20 cm lange Schlaufe aus Draht.

2. Mix 1/3 of grease for 2/3 of seed in the bowl with the spatula.

   Mische 1/3 Fett für 2/3 Samen in der Schüssel mit dem Spatel.

3. Form a tightly packed ball of mixture around the piece of wood.

   Forme die Mischung zu einer Kugel, die fest um das Holzstück gedrückt wird.

4. Set aside in the fridge to harden.

   Lagere sie im Kühlschrank, damit sie gut aushärten.

5. Hang in trees in the garden.

   Hänge es in die Bäume im Garten.

5

To go beyond

Act / Participate
Agieren / Sich engagieren

Here is a non-exhaustive list of associations that organise activities to discover nature in Hamburg:
Hier ist ein kurzer und nicht vollständiger Überblick über die Vereine, die dich begleiten und dir helfen können, die Natur in Hamburg zu entdecken:

NAJU Hamburg
https://www.naju-hh.de

NABU Hamburg
https://hamburg.nabu.de

Neuntöter – Verein für Forschung und Vielfalt e.V.
https://www.neuntoeter-ev.de

Find out more? Mehr erfahren?

German Books Bücher auf Deutsch

Das NABU Vogelbuch
Peter Mullen – Fabian Karwinkel

Vögel beobachten in Norddeutschland
Moning Weiß, KosmosNaturführer

Birding für Ahnungslose
Vero Schmitz

These two books offer discovery routes around the city (in German):
Diese zwei Bücher bieten Wanderwege in der Stadt an:

Hamburgs Vogelwelt entdecken
Thomas Schmidt

Was piept und fliegt in Hamburg?
Thomas Schmidt

English Books Englischesprachige Büch

RSPB Pocket Birds of Britain and Europe 5th Edition
DK Edition

Collins Bird Guide, 3rd edition
L. Svensson, K. Mullarney, and D. Zetterström, Plates & Captions Edition

**The Complete Garden Bird Book:
How to Identify and Attract Birds to Your Garden**
Bloomsbury Edition

There are also a number of applications for recognising birds and their songs:
Es gibt auch viele Apps, mit denen man Vögel und ihren Gesang erkennen kann:

- **NABU Vogelwelt**
- **Kosmos Vogelführer**

Support
Unterstützen

Support local bird protection associations (NABU in Germany, RSBP in the UK, ABC in the USA) by becoming a member or a trustee.
Unterstütze lokale Vogelschutzverbände (NABU in Deutschland, RSBP in Großbritannien, ABC in den USA), indem du Mitglied oder Treuhänder wirst

Um weiter zu gehen

Index

Thanks

Anke Brunnstein, Martin Rümmler, Benoit Taberlet, Cyril Caillaud, Cécile Theunissen for proofreading in French, English and German / für die Korrekturlesungen in Französisch, English und Deutsch.

Ophélie Bruhat and Anke Brunnstein for putting us in touch / für die Vermittlung von Kontakten.

Simon Hinrichs, Thilo Clavin, Prof. Dr. Ernst Schaumann, Nicholas Friedman, Sabine Lemke, Alexander Mitschke, Olivier Henrion, Pascal Toussaint & Jacques L'Huillier for generously sharing their passion with Gilles and many others / dafür, dass sie ihre Leidenschaft großzügig mit Gilles und vielen Anderen geteilt haben

Thanks to Anasthasia & David Giuliani, Anne Burghardt, Caroline Mazzocca, Iris Lesigne, Timo Plogstedt, Julie Laurent, Vincent Stoliaroff, Diane Pinte, Émilie Jousset, Cécilia Dessevre, Cyril Caillaud, Stephan Maigne, Jennifer Dos Santos, Henri Zeller, Philippe Duparcq, Myriam Flechtner, Alexandre Tiard and Adèle Rinck for their support for the first edition / für ihre Unterstützung bei der ersten Ausgabe

Danksagungen

Credits

PHOTOS / FOTOS	© Alexander Mitschke *Except / Ausserdem* © Phil Mitchell - Pexels (Grebe) © Luke Galloway - Unsplash (Mascarene coot) © Steffi Wacker - Pexels (Eurasian Jay) © Janik (Carrion Crow) © Anthony - Pexels (Jackdaw) © Instinct Animal (Common Swift)
SINGING RECORDINGS / GESANGAUFNAHMEN	https://xeno-canto.org
TEXT / INHALT	Lauriane Tiard-Caillaud & Gilles Masson
ILLUSTRATIONS / ILLUSTRATIONEN	*Biotopes and pigeon skeleton / Der Biotope und Skelett der Taube* Maud Briand
EDITORIAL COORDINATION / REDAKTIONELLE KOORDINATION	Lauriane Tiard-Caillaud
GRAPHISM AND LAYOUT / GRAFIK UND LAYOUT	Océane Izard, interval-l.studio
GARDEN GAME / BIOTOPE GARTEN SPIELE	Images from Pexels
CITY GAME / SILHOUETTE SPIELE	Images from Freepix
DRAW A DUCK / SPIELE "ZEICHNE EINE ENTE"	https://fr.wikihow.com/dessiner-un-canard

Kredit

Impressum | Imprint

ISBN 978-3-9826358-1-1

PUBLISHING HOUSE /
VERLAG

Les Ailes
Roggenbuckstieg 2
22453 Hamburg

IMPRESSION / DRUCK

wir-machen-druck.de
Mühlbachstr. 7
71522 Backnang